U0021578

\Bling Bling/

自己動手做高質感飾品

UV膠的 40種創意發想

— 手作飾品簡單易學，身邊小東西都可加工製成UV飾品

— 日本授權認證講師傳授技法，教你創造獨一無二，獨特魅力作品

— 各式技法不藏私，讓飾品質感提升、創意大大加分

— 本書適用喜歡手作、新秘自製飾品、小型創業的人(手作市集)

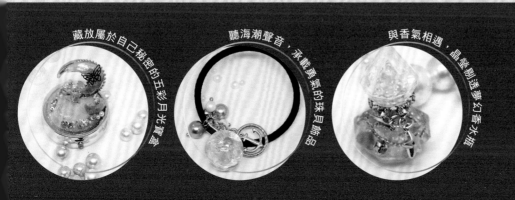

藏放屬於自己秘密的五彩月光寶盒

聽海潮聲音，承載勇氣的珠貝飾品

與香氣相遇，晶瑩剔透夢幻香水瓶

Sunny Liu 著

2AF134X

Bling Bling 自己動手做高質感飾品：UV 膠的 40 種創意發想 【加值限定版】

作　　者	Sunny Liu
編　　輯	單春蘭
特約美編	Meja
封面設計	Melody
攝　　影	Matte、Sunny Liu
行銷企畫	辛政遠、楊惠潔
總編輯	姚蜀芸
副社長	黃錫鉉
總經理	吳濱伶
發行人	何飛鵬
出　　版	創意市集
發　　行	城邦文化事業股份有限公司
	歡迎光臨城邦讀書花園網址：www.cite.com.tw
香港發行所	城邦（香港）出版集團有限公司
	香港灣仔駱克道 193 號東超商業中心 1 樓
	電話：(852) 25086231 傳真：(852) 25789337
	E-mail：hkcite@biznetvigator.com
馬新發行所	馬新發行所／城邦 (馬新) 出版集團
	Cite (M) Sdn Bhd
	41, Jalan Radin Anum, Bandar Baru Sri Petaling,
	57000 Kuala Lumpur,Malaysia.
	Tel：(603) 90578822
	Fax：(603) 90576622
	Email：cite@cite.com.my
印　　刷	凱林彩印股份有限公司
	2020 年（民 109）9 月二版一刷 Printed in Taiwan.
定　　價	380 元

國家圖書館出版品預行編目資料

Bling Bling 自己動手做高質感飾品：UV 膠的 40 種創意發想【加值限定版】/ Sunny Liu（劉昕穎）著 . -- 二版 . -- 臺北市：創意市集出版：城邦文化發行，民 109.9
面；　公分

ISBN 978-986-95631-6-1（平裝）
1. 裝飾品 2. 手工藝

426.9　　　　　　　　　　　　106023657

隨書贈送 Resin Club UV 貼紙，貼紙為非賣品。
新增的示範作品由 Resin Club UV 貼紙製作而成。

序

嘗試 UV 膠創作後，發現生活中很多小飾物都開始少不了它。

翻出家中先前隨意購買的貼紙，到用不到的金屬片，全部都可以變成它的創意元素。再也不用擔心金屬與飾品的接合會因不經意的拉扯而分家。它的百變及多元化，像咖啡上癮般的瘋狂愛上……

近年來，UV 膠創作如黑馬般在手工藝如竄起的新秀，手創商品材料占比也日益增加，開始接觸它的人也愈來愈多。太多的相關材質及商品不停的在市面上推出，如何選擇自己需要跟對的商品就開始變成很重要。在這本書，沒有 100 件以上的作品技巧，也不全是手邊立即可以取得的材料，但不多不少的 40 件作品中，濃縮了自己多年來教學的製作心得，及目前流行和即將流行的素材使用方法。

希望這本書可以讓初學者及跟我一樣重度上癮者都能開心地完成屬於自己 BlingBling 的夢幻逸品。

Sunny Liu

海洋系列

時尚經典

魔法寶石

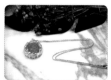

戀戀和風

夢幻可愛風

花間集

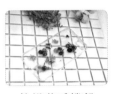

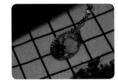

基本 UV 工具

工具

UV & LED 迷你燈

UV &LED 迷你燈為 9W，此為 2017 年推出的新機，可以搭配新的 UV & LED 兩用的 UV 膠，以減少照射時間。

UV 機

UV 機為 36W，也有 9W 的，瓦數愈高照射時間愈短。

調色棒

調色或是用來刺破氣泡。

牙籤

調色或是用來刺破氣泡。

鑷子

協助將細小的素材放入 UV 膠中。

木夾

可以協助不凋花或金具固定。

筆刷

將 UV 膠鋪平的工具。

紙膠帶及 UV 專用紙膠帶

簍空金屬框的封底工具。

UV 專用墊

方便模具、作品或不凋花移動。

離型紙

方便模具、作品或不凋花移動。也可以做調色盤。

調色盤

調色使用。

基本材料

硬式UV膠

無彈性，常用於一般UV飾品上。

 各家廠牌的氣味、透明度及收縮度皆不同，建議選用自己習慣的品牌即可。

軟式UV膠

粉紅色：有彈性，適合用於不凋花，乾燥花及布料等材質的。
白色：極有彈性，適合用於仿真軟糖的製作。

彩色UV膠

不同品牌有不同的UV膠，可以用調色粉或調色液來調色。直接使用彩色UV膠，是較省時的選擇。

線狀UV膠

可以像畫糖霜餅乾一樣畫出不同線狀的造型。

★調色材料★

調色液

調色粉

亮粉

★封入素材★

糖果紙

乾燥花

小石頭
（天然石）

亮片

無孔珠

UV 專用膠片及貼紙

製作重點提示

市面上 UV 機效能皆
不同，仍須以讀者手
邊的 UV 機效能及使
用的 UV 品牌照射時
間來調整。

UV 基本製作技巧

UV 膠

示範調配紅色珠光。

1 調色板或離型紙當襯底。

2 UV 混色可用三種方式①專用亮粉調色②UV 專用調色粉③UV 專用調色液。

3 用色液調出顏色：紅色與 UV 膠交疊。

NOTE 注意調色的液體及粉末不宜過多，過多會造成 UV 膠不易凝固。

4 用調色棒或牙籤將之混合均勻。

5 紅色混合均勻後加入白色珠光調色粉。

NOTE 用調色棒或牙籤將之混合均勻。

6 混和後 UV 膠帶有白色珠光色。

7 欲增加亮度，可以加入專用亮粉。

8 加入亮粉混和後，將氣泡去除後，注入模具照乾成成品。

NOTE 氣泡太多可以靜置一會兒或使用去除氣泡方式去除。

―――――――――――――― ★氣泡消失方式★ ――――――――――――――

氣泡產生的因素，主要是攪拌或搖晃後會產生。

方法一

可用牙籤或是調色棒戳破泡泡。

方法二

可以使用熱風槍吹。

 NOTE

建議在使用熱風槍時，桌上墊上一塊木板或是耐熱墊，以防桌面被熱風槍破壞。

NOTE

不建議使用吹風機的熱風，因其效能與熱風槍不同。

方法三

用暖暖包加熱，以減少氣泡產生。

 NOTE

製作時產生氣泡及成品定型前產生氣泡處理方式，直接用牙籤或是局部加熱的方式可避免氣泡產生。

模具

工具及材料

◦ 日本進口脫模劑

step by step

可以減少模具的損害。

① 矽膠模具在注入UV膠前,使用脫模劑抹在模具上,待完成作品後比較好脫模。

② 從UV機照光後的UV成品,單手就可以脫下成品。

★ 模具保養方式

切記,勿用刀片或硬質的物品刷除。

輕柔的布可用拭淨布或是絨布。

① 模具沾上硬化的UV膠,可以用輕柔的布或紙巾擦拭掉。

工具及材料

- 取型土
- 耐熱蛋糕模（矽膠膜）

step by step

加熱時請勿接觸風口及模子。

1 取小塊取型土放入耐熱蛋糕模中，用熱風槍加熱到融化。

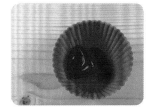

2 將融化的取型土集中取出。

NOTE 怕燙請戴上厚的工藝手套或是防熱手套。

3 揉捏後，快速將形狀捏塑至比母模略大的尺寸。

4 將母模放置於取型模中間後壓下。

NOTE 底部要留點厚度，以避免脫模時破裂。

5 硬化後將母模取出。取下母模後就可以直接使用。

冷卻後取型土就會硬化。摸起來整個冷卻後才可以取出母模，以避免模具變型。

此模具將在「魔法寶石：粉水晶項鍊」中使用。

工具及材料

- 日本矽膠取型劑
- 塑膠杯
- 嬰兒油
- 電子秤
- 攪拌棒
- 手套

step by step

1 母模可以先擦一點嬰兒油或食用油，脫模時會比較好脫模。

2 將母模放置於塑膠材質的杯，且位置置中。

NOTE 若擔心母模位移，可以用魔術黏土固定。

3 量取脫模劑 A 劑及 B 劑以 1:1 的比例各別放入杯子中。

4 將兩劑混合均勻。

NOTE 攪拌約 3-5 分鐘，確定兩個膠狀完全融合。

5 將混合液體倒入有母模的杯子中。

NOTE 以母模最高點為基準，上方預留點厚度，以避免脫模時破裂。

6 剪開杯子取出母模。

NOTE 說明書上說是 24 小時，但台灣濕度高，建議放 24-30 小時再脫模比較保險。

7 脫模後，用剪刀將多餘的矽膠修剪，隨後即可開始使用模具。

成品修飾

工具及材料

- 小型銼刀

step by step

 用剪刀先將大面積硬化的殘膠剪下。

NOTE 請選擇較小尺寸剪刀，以方便轉角部分剪裁。

② 用銼刀或磨甲刀將未清除硬化的殘膠磨平。

③ 磨平後，表面可以塗上一層 UV 膠，讓霧面的部份恢復亮度。

工具及材料

- 鑽子
- 成品
- 油性簽字筆
- 魔術黏土

step by step

1. 將成品用魔術黏土固定，選擇要連接的點，用油性筆做記號。

2. 鑽頭與連接頭的針大約比對長度。

3. 鑽頭對準該點，略為施力往內鑽。

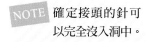

NOTE 確定接頭的針可以完全沒入洞中。

4. 將接頭的針取出，點一滴 UV 膠在洞中，再將針放入。

💡 2 分鐘

5. 金具上再塗抹一圈 UV 膠。

💡 6 分鐘

飾品組裝基本技巧

★組裝工具介紹★

平口鉗

斜口鉗

圓口鉗

★金具介紹★

C圈

T針

九針

龍蝦扣

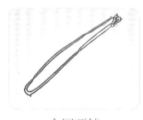

金屬項鍊

可剪長度的鍊子

連接環

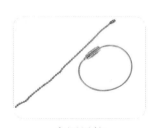

金屬吊飾

★ C 圈組裝方式 ★

工具及材料

- 平口鉗兩支
- C 圈
- 項鍊

NOTE

平口鉗主要是鉗子內沒有刻痕，在組裝上較不會破壞金具外觀。

step by step

1 用平口鉗將 C 圈一前一後的拉開。

2 將項鍊放入 C 圈縫隙中。

3 用平口鉗以 *Step 1* 的方式，以反方向讓口密合。

NOTE

切勿使用左右拉開 C 圈，以免 C 圈變形。

工具及材料

- 圓口鉗
- T 針
- 棉珍珠

step by step

1. 用 T 針穿過棉珍珠後，將 T 針以棉珍珠的頂端以 90 度下彎。

2. 預留 7~8mm 的長度，剪下多餘的部分。

3. 用圓口鉗向內轉出一個圈。

4. 完成圖。

海洋系列

海藍與純白在夏季總是不敗的經典色，
不同的色度及亮度運用在飾品製作上，
往往能帶來不同的驚喜與時尚感….

不失敗的水波紋製作 （基本技巧）

簡單運用 UV 膠即可以作出美麗的水波紋！

工具及材料 · 使用透明、白色及藍色 UV 膠

step by step

① 用色液及色粉調出兩種顏色：海藍色及白色的 UV 膠備用。

② 先將藍色 UV 膠在調色板上畫出十元硬幣大小（無調色板可以用離型紙）。

🔅 4 分鐘

NOTE 亦可以用透明 UV 當底。

③ 將調好的白色 UV 膠取出鋪平。

④ 直接用透明 UV 膠滴在白色 UV 膠上，製作水波紋，每滴之間需要有一點間隔。

🔅 6 分鐘後

NOTE 也可用透明 UV 膠加上白色 UV 膠做出最基本的膠片備用。

⑤ 依照設計的飾品外框剪下形狀。

⑥ 貼在金屬框內，加上透明 UV 膠，照乾。

🔅 4 分鐘

鏤空金屬框底製作方式

step by step

 NOTE

1. 用紙膠帶黏住金屬飾品框置於珍珠板上，紙膠帶範圍要大過金屬框的範圍

有縫隙會造成 UV 膠流出金屬框外，造成外框有 UV 膠沾黏。

NOTE

2. 倒入些適量的 UV 膠讓整個內框佈滿 UV 膠。

有空洞一定要補到滿，以確保下一階段能順利完成。

3. 用牙籤或調色棒將空隙補滿。小氣泡也可以用牙籤戳破。

💡 6 分鐘

4. 將紙膠帶撕下。

NG

NOTE

有紙膠帶殘留請務必除去，以免影響整體美感。

NOTE 此狀況為 UV 膠未完全鋪平或未填滿導致的結果。

5. 將金屬框反貼後，塗一層薄薄的 UV 膠在上面。

💡 6 分鐘

NOTE 此作用是讓紙膠帶造成的霧面狀況變成透明。

6. 加上自己的創意小物，鏤空金屬框底座完成！

NOTE

氣泡一樣要挑除喔！

白色水母在海洋飾品中
一直都是熱門的主角喔！！

海底世界懷錶吊飾

工具及材料

- UV 專用貼紙
- 不同顏色的琉璃石
- 美甲金屬貝殼片
- 海藍色 UV 調色液
- 白色 UV 調色粉
- UV 膠

製作海洋飾品

不規則石材在海洋是品中
是最常見的素材之一，將
之放入不會阻礙其他素材
的注入，很重要的喔～

26

step by step

1 將封好底的金屬懷錶注入少許的透明UV膠。將UV膠鋪平於表面。

2 在下方放入琉璃石或天然石。

💡 2 分鐘

NOTE 擺放技巧：重的先放，再依序放入輕的、薄的物件。

3 注入少許透明UV膠後，將美甲用的金屬片放入。

💡 2 分鐘

4 再次注入少許透明UV膠後，將不同的琉璃石放入。

💡 2 分鐘

5 放入UV專用貼紙，確定貼平後才能加入UV膠。

💡 2 分鐘

NOTE UV專用貼紙的使用，不需先放入UV膠在其中。

6 再放入不同的UV專用貼紙，以增加層次感，確定貼平後才能加入UV膠。

💡 2 分鐘

7 太空曠的區塊可以再放入UV專用貼紙，再注入少許透明UV膠。

💡 2 分鐘

NOTE 不同層的素材可以部份交疊，但不建議全部重疊。

8 注入少許透明UV膠後，將五彩亮片放在最上層，以增加亮度。

💡 6 分鐘

9 將透明UV膠封住所有的素材。

10 以C圈組合懷錶。

一層一層放置不同元件，可使飾品畫面更加豐富精彩

海洋香水瓶墜飾

工具及材料

- 已作好的水波紋片
- 金屬齒輪
- UV 專用膠片
- 糖果紙、星砂
- 亮粉及亮片
- 天然碎石
- UV 膠
- UV 專用調色液

製作重點提示

使用不同的素材，一層層的將海底的景色作出，每一層的細節都是精心的設計！

step by step

同時氣泡需要一
起去除。

NOTE

字體要注意正反
面喔‼現在是反
面向上。

① 將模具香水瓶身注入
1/4 的透明 UV 膠。
將 UV 膠用調色棒
均勻地抹平。

② 將星沙及字體的 UV
膠片放入且鋪平。

2 分鐘

NOTE

氣泡不用刻意刺
破,在瓶內氣泡可
以營造海洋感。

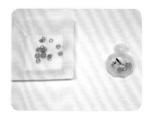

③ 將模具香水瓶身注
入少許的透明 UV
膠抹平,再將糖果
紙放入少許。

2 分鐘

④ 將 Step 3 注入少許
透明 UV 膠,魚造
型的 UV 膠片放入
其中。

⑤ 將金屬齒輪放入其
中。

2 分鐘

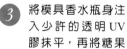

⑥ 將 Step 5 再注入少
許的透明 UV 膠後
放入齒輪膠片。

2 分鐘

⑦ 將水波紋片剪出香
水瓶身大小,Step
6 內注入少許的 UV
膠。

⑧ 將水波紋片放入其
中。

2 分鐘

⑨ 用色液及亮片調出
兩種顏色:紫色及
亮藍色的 UV 膠備
用。

可以在兩色 UV
膠內加入少許的
亮粉，以增加亮
度。

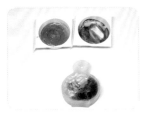

⑩ 將紫色 UV 膠放入
香水瓶身中，約 1/3
或 1/2 的面積。

⑪ 再將藍色 UV 膠放
入剩下的空間中。

💡 2 分鐘

兩色需要將瓶身填
滿。

⑫ 將透明 UV 注入瓶
蓋矽膠模中，約 8
分滿。將五彩糖果
紙放入其中，用調
色棒攪勻。

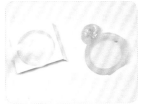

表面放置膠片可
以讓圖案更明
顯，且比較好確
定圖案的位子。

⑬ 將白色 UV 膠注入
到 *Step12* 的瓶蓋中
直到全滿。

💡 2 分鐘

⑭ 取 出 *Step 13* 瓶 蓋
後，將 *Step 11* 瓶身
及 *Step 13* 瓶 蓋 組
合。交接處滴上一
滴 UV 膠後，放入
無孔珠。

💡 2 分鐘

⑮ 將少許透明 UV 膠
放置於 *Step 14* 香
水瓶抹平且放在 UV
膠片紙。

💡 6 分鐘

⑯ 將背面貼上金屬膠
片。

💡 6 分鐘

⑰ 將背面貼上金屬膠片。組合至手
鍊，並加上裝飾的成品。

海洋的元素不外乎是以藍白色為主題
多了一點中性色調的紫色
讓海洋系的風格更有不同的變化

人魚項鍊

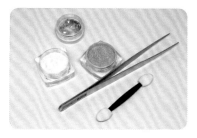

工具及材料

- 美甲專用粉
- 糖果紙
- 鑷子
- 眼影筆
- UV 膠
- 金屬框

製作重點提示

美甲粉多半為珠光或閃亮色系，在簡單的搭配
上可以用純冷色系或暖色系為主。較不容易跳
Tone。這次採用以冷色系的藍色配上中性色調
的紫色，也是一個不錯的選擇。
若沒有美甲粉，指甲油也可以擦在金屬框上，
不過每一層等待乾時間會比較長，約 1-2 小時
的時間才能再繼續進行下一個步驟。

1 用色液調出一種顏色：黑色的 UV 膠備用。

2 金屬片上空格處填上黑色 UV 膠。

💡 2 分鐘

沾到外框可以用棉花棒將 UV 膠擦去。

3 用眼影棒將紫色美甲粉撲上。

NOTE 美甲粉可以隨意撲上，較為自然。

4 依序用眼影棒將銀色美甲粉撲上。接著用眼影棒將白色美甲粉撲上。

5-1

5-2

5-3

5-4

5 鋪上美甲粉的部位滴上少許 UV 膠，且用調色棒抹平。

NOTE
膠的量跟水平面一樣即可。

6 將糖果紙均勻的分佈在美甲粉上，但請避開金屬框的部分。

7 整個金屬片滴上 UV 膠後，用牙籤推開到各處。

💡 2 分鐘

8 照乾後組合上鍊子即成美麗的飾品。

在 UV 飾品表面加上不同大小的裝飾品

可以讓飾品更加生動

且跳脫於制式的做法

將每一個珠子鑲在作品該有的位子上

是需要一點耐心的喔！

海洋之星項鍊

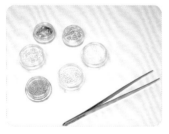

工具及材料

- 琉璃石
- 無孔珠
- 美甲銀珠
- UV 膠
- UV 專用調色粉

製作重點提示

每種珠子的重量大小不太一樣，在黏貼的部分最好是小部分，小部分黏貼會比較不會跑位。

1 用色粉調出藍色 UV 膠。將調好的藍色 UV 膠注入到模具中約 1//2 高度位置。

💡 2 分鐘

2 用鑷子將半成品取出後，放置一旁備用。將 UV 膠加入藍色色液及亮粉攪拌。

NOTE 分兩次作業可以減少照射時間及有不同層次的顏色。

3 將調好的閃亮藍色 UV 膠注入到模具中約 1//2 高度位置。

4 將 *step 2* 的半成品放入模具中。

💡 6 分鐘

5 把半成品壓回模具中。若 UV 膠尚未填滿模具，請再將剩下的 UV 膠注入到水平為止。

6 將 UV 膠隨意滴在貝殼正面。

NOTE 也可以用調色棒或牙籤塗抹。

7 將琉璃石放放置於 UV 膠沾黏處。

💡 2 分鐘

8 重複在貝殼片上隨意塗抹些許 UV 膠後，將無孔珠放置於 UV 膠沾黏處。

💡 2 分鐘

9 重複在貝殼片上隨意塗抹些許 UV 膠後，將美甲珠放放置於 UV 膠沾黏處。

💡 2 分鐘

10 重複在貝殼片上隨意塗抹些許 UV 膠及放置珠子，直到點綴完整。

💡 6 分鐘

11 在貝殼背面用 UV 膠黏上連接片後。

💡 6 分鐘

12 組合金具即完成。

透亮亮的泡泡從海裡浮上
反射的淡淡色彩，總是這麼美…

泡泡球戒子

工具及材料

- 亮片
- 糖果紙
- 琉璃石
- UV 膠

1 將透明 UV 膠注入約 1/3 的量到球模中。

2 放入一些亮片,且用調色棒使其均勻分散。

💡 1 分鐘

3 繼續注入 UV 膠約 1/3 的量到球模中。放入一些琉璃石,且用調色棒讓其均勻分散。

💡 1 分鐘

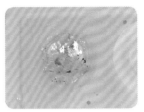

4 注入 UV 膠注入球模中至 9 分滿。放入一些糖果紙,且用調色棒讓其均勻分散。

5 注入 UV 膠注入球模中到全滿。放入一些亮粉,且用調色棒讓其均勻分散,照乾後取出備用。

💡 6 分鐘

6 滴一滴 UV 膠在小的圓座上,將無孔珠放置於上。

💡 2 分鐘

NOTE
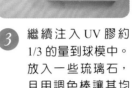
太多 UV 膠在上面會像鐘乳石,進入 UV 機前確認是否有不必要的 UV 膠流下。

7 放一些 UV 在大圓座內。

8 將 *Step 6* 的圓球放置在上方。

💡 6 分鐘

NOTE 進入 UV 機前確認是否有不必要的 UV 膠流下。

9 照乾後即完成美麗的戒指。

絕對夢幻的泡泡球
夏天的髮飾怎麼能不浪漫呢？！

海洋泡泡球髮飾

工具及材料

- 美甲金屬片
- 五彩人造石
- 糖果紙
- UV 膠
- 亮粉

製作重點提示

運用半球結合，作出圓球狀的作品，兩個半球的密合及對齊最重要的環節。

1 將透明 UV 膠注入到半球模中，約模子容積一半的量。

2 放入金屬貝殼。

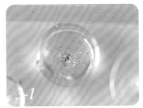

3 撒上少許亮粉及放入些許琉璃石到其中。

☀ 2 分鐘

4 將透明 UV 膠注入半球模中，約 8 分滿的量後，放入人工石在其中。再注入 UV 膠至全滿。照乾後脫模備用。

☀ 6 分鐘

5 同一個模具放入約 UV 膠 1/2 的高度的量後，將糖果紙放入其中。最後注入 UV 膠到全滿。

☀ 6 分鐘

6 將兩個半球多餘的殘膠去除後，其中一只放回模子中。於切面表面塗上 UV 膠。

NOTE 請參照無殘膠的外型製作。

7 將另一個半圓球交疊上。

☀ 6 分鐘

8 將連結頭鑲上，且組合其他配件即完成。

NOTE 參照連接金具的方式。

可別小看小小的貝殼片
現在可是飾品上很流行的花樣

貝殼髮飾

工具及材料

- 貝殼片
- 糖果紙
- UV 膠
- UV 專用調色液

製作重點提示

貝殼片與貝殼片交
疊時，要注意不要
讓交疊處突起不平
整。

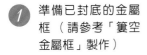

① 準備已封底的金屬
框（請參考「簍空
金屬框」製作）

② 用色液及色粉調出
一種顏色：紫色及
白色的 UV 膠備用。

③ 將 *Step 1* 的星星框
注入白色 UV 膠。

 2 分鐘

④ 將 *Step3* 的星星框
注入透明 UV 膠。

 NOTE

盡量鋪平且不要
有空隙。

⑤ 將紫色貝殼片及糖
果紙放入 *Step 4* 的
星星框中。

2 分鐘

⑥ 將金屬底小星星中
鋪上紫色 UV 膠。

 2 分鐘

⑦ 將 *Step 6* 小星星注
入透明 UV 膠後，
放入糖果紙。

1 分鐘

⑧ 將透明 UV 膠分別
注入兩個星星中。

6 分鐘

NOTE

參照連接金具的
方式。

⑨ 將 *Step 8* 的飾品翻
面後，用 UV 膠結合
髮飾，確定整體全
部乾燥後，即完成。

6 分鐘

時尚經典

女人的珠寶盒中總是少了一件飾品！
但又貪心的想要擁有一件可以經典不敗的飾品。
經典是魔咒卻讓人著迷……

方形 45 度的變化式

經典簡單卻又不失時尚感

簡約菱形飾品

不同大小的幾何圖形
搭配，可以讓飾品不
會太單調。也可以用
不同造型的幾何圖形
組合搭配，也有另一
種風情。

工具及材料

- 金色金屬線紙片
- 無孔珠
- UV 膠
- UV 專用調色粉

step by step

1. 用色粉調出珠光粉色的 UV 膠備用。

 NOTE

調色後的 UV 膠容易有氣泡，可以在 UV 膠下方墊上暖暖包減少氣泡。

 NOTE

2. 先將五彩白金屬線紙片剪成大方形模子大小的紙片備用。

紙片大小可以比模具大小略小一點比較好放入。

3. 於方形寶石模具放入約 1/3 的透明 UV 膠後，將紙片壓入其中。

💡 2 分鐘

 NOTE

氣泡會藏在紙片縫中，用調色棒或牙籤去除即可。

4. 將珠光 UV 膠倒入模具中，讓 UV 膠完全覆蓋模子，照乾後取出備用。

💡 4 分鐘

5. 將金色金屬線紙片剪成小方形模子大小的紙片備用。

NOTE 紙片大小可以比模具大小略小一點比較好放入。

6. 將方形寶石模具放入約 1/3 的透明 UV 膠後，將紙片壓入其中。

💡 2 分鐘

7. 將透明 UV 膠倒入模具中，讓 UV 膠完全覆蓋模子。

💡 4 分鐘

8. 將魔術黏土先固定在 *Step 7* 的菱形寶石一角下方。

💡 4 分鐘

9. 將兩個菱形寶石交疊處塗上適量的透明 UV 膠。

💡 2 分鐘

NOTE UV 膠的量請不要過多，不能溢出外框來。

金屬與飾品需要用
UV 膠完全包覆住。
請參考連接金具的
方式。

10 正面兩個菱形寶石
交界處塗上 UV 膠
後,將無孔珠放置
在上面。

11 兩邊無孔珠皆放置
完成。

💡 2 分鐘

12 正面以魔術黏土固
定,且背面塗上透
明 UV 膠後,貼上
金屬片。

💡 2 分鐘

13 重複 *Step 1~Step9*
製作另一只,即完
成一對時尚耳環。

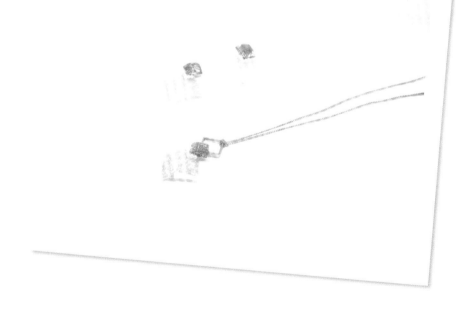

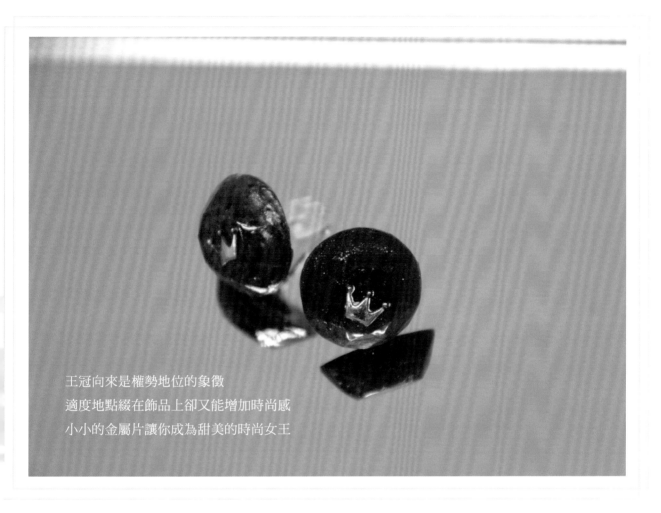

王冠向來是權勢地位的象徵
適度地點綴在飾品上卻又能增加時尚感
小小的金屬片讓你成為甜美的時尚女王

王冠貼飾耳環

工具及材料

- 金色小王冠
- UV 膠
- UV 專用調色粉

① 將寶石模型注入 1/2 的透明 UV 膠。

② 把小王冠放入其中。

2 分鐘

NOTE

王冠要放置於正中間位置。過偏會因為角度而產生圖像扭曲。

③ 用色粉加色液調出金屬黑色的 UV 膠。

④ 將金屬黑 UV 膠注入 *Step 2* 的模具中，且覆蓋塑膠片。

2 分鐘

NOTE

塑膠片可裁剪 **L** 夾的一小部分，主要作用是使飾品背面平整。

⑤ 正面以魔術黏土固定，於背面塗上透明 UV 膠後，貼上金屬片。

6 分鐘

NOTE

金屬與飾品需要用 UV 膠完全包覆住。請參考連接金具的方式。

⑥ 確認金具與飾品完整貼覆後即完成。

垂墜式的耳環不只是流蘇

將 UV 寶石與合適金屬片組合後

高雅的垂墜耳環完成

黑金高雅耳環

工具及材料

- 人造寶石
- 金屬蝴蝶
- 金屬片
- 亮片
- 非食用性金箔
- 無孔珠
- UV 膠
- 平口鉗

step by step

1 將寶石模型注入 1/2 的透明 UV 膠後，把非食用性金箔放入其中。

☀ 2 分鐘

NOTE 有氣泡可以用調色棒或牙籤去除。

2 將 UV 膠與色液調出透黑色的 UV 膠備用。

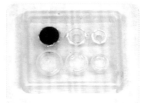

3 將黑色的 UV 膠注入 *Step 1* 的寶石模具中。

☀ 1 分鐘

4 將 *Step 1* 的寶石上覆蓋塑膠片。乾燥後脫模且將多餘的殘膠去除。

☀ 6 分鐘

NOTE 塑膠片可裁剪 L 夾的一小部分，主要作用是使飾品背面平整。

NOTE 有不平順之處，可以用銼刀輕輕磨順。施力輕柔，以避免磨過頭。請參考「無殘膠的外型製作」方式。

5 選擇不同大小的寶石模，依照 *Step 1* 至 *Step 4* 方式製作出 4-5 個寶石。

6 將所有的寶石及配件試擺在金屬片上，大致確定好每一個寶石放置位子。

7 將金屬片平放，塗上透明 UV 膠。

8 將所有的寶石放在塗有 UV 膠的金屬片上。

☀ 2 分鐘

9 正面以魔術黏土固定，背面塗上透明 UV 膠後，貼上金屬片。

☀ 6 分鐘

NOTE 金屬與飾品需要用 UV 膠完全包覆住。請參考連接金具的方式。

10 將水滴狀的寶石與金屬座交疊再一起。用平口鉗將四邊夾緊。確認無鬆動，方可開始組裝。

10 確定所有表面皆為平滑觸感即完成作品。

銀白貼飾耳環

工具及材料

- 無孔珠
- 水鑽
- 亮片
- UV 膠
- UV 專用調色液

 用色液調出蛋白石光澤的 UV 膠備用。

 將寶石模型注入透明 UV 膠約 1/2 的容積量,放入五彩透明亮片。

💡 2 分鐘

NOTE

有氣泡可以用調色棒或牙籤去除。

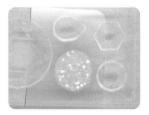

 將蛋白石光澤的 UV 膠注入 *Step 2* 的模子之後,覆蓋塑膠片。

💡 6 分鐘

NOTE

UV 膠為固定用途,勿太多附著。

4 用塑膠片當底,將 *Step3* 放在其中,側邊塗上一層 UV 膠。

 無孔珠及水鑽放在塗抹 UV 膠邊上。

💡 6 分鐘

6 正面以魔術黏土固定,且背面塗上透明 UV 膠後,加強寶石與珠子的接合度。

💡 6 分鐘

NOTE

金屬與飾品需要用 **UV** 膠完全包覆住。請參考連接金具的方式。

 放在耳針且用 UV 膠包覆。

💡 6 分鐘

8 確定所有表面皆為平滑觸感即完成作品。

魔法寶石

礦石包含水晶，多色寶石，有切割，有不規則。
每一顆礦石都有一個不同能量，
如同每一個女性都有自己獨有的風格。

雙色寶石（基本技巧）

1. 將藍色調色液及亮粉與 UV 膠混合備用。

2. 用調色棒將藍色 UV 膠取出放入寶石模中，約佔 1/2 的容量。

3. 將亮粉透明 UV 膠沿著下方邊緣放入，呈現兩層顏色的分層。

4. 用調色棒將兩色的中間分層輕輕的混合。

NOTE

用點震動的方式讓分層消失。

5. 將 *Step 4* 的模子放置 UV 機照射 6 分鐘後取出。

寶石最美的不只是它的透亮光澤
更讓人著迷的是獨一無二的色彩
要能做出美麗分層的寶石
分層技巧是很重要

雙色寶石耳環

工具及材料

· UV 膠

· UV 專用調色液

· 五彩亮粉

製作重點提示

同色系或與中性色系的顏色搭配都是很好的選擇。

1 用色液及五彩亮粉調出兩種顏色：藍色及綠色的 UV 膠備用。

2 先將綠色 UV 膠放入寶石模中，約 2/5 模具的容量。

 30 秒

3 將藍色 UV 膠放入 *Step 2* 的模具中，約 2/5 模具的容量。

 30 秒

4 直接注入透明 UV 膠於模具中直到灌滿。

 6 分鐘

NOTE
請參考無殘膠的外型製作。

5 脫模後的寶石可將餘膠去除。

6 背面用 UV 膠鑲上矽膠耳環。

6 分鐘

NOTE
可參考連接金具的方式。不同的素材只要是想要牢固在作品上，連接的細工是不可以少的。

紫色與藍色是最常用礦石中的顏色

加入五彩珍珠光

讓礦石多了一些夢幻感

夢幻石項鍊

工具及材料

- 金屬框
- UV 膠
- 無孔珠
- UV 專用調色液
- 糖果紙
- 五彩亮粉

1 用色液調出2種顏色：五彩珍珠藍及五彩珍珠紫的UV膠備用。

2 將透明UV膠注入寶石模具中，約1/3的模具容量。

 1分鐘

3 將五彩珍珠紫UV膠注入 *Step 2* 模具中，約1/3的模具容量。

4 將五彩珍珠紫UV膠注入 *Step 3* 模具中，9分滿的容量。

5 再次注入少許透明UV膠到幾乎全滿的狀態。

6 放入少許的糖果紙。

 6分鐘

7 寶石脫模在其背後滴上一滴UV膠，將寶石快速放在金屬框內。

 2分鐘

8 滴上少許的UV膠在金屬框與寶石空隙中後，放入不同大小的無孔珠。

 2分鐘

9 於空隙處填入無孔珠。

 6分鐘

10 以C圈組合成鍊飾。

粉水晶讓人喜愛除了可以提
升戀愛運能量之外，粉嫩的顏色也非常討喜。
運用粉水晶的顏色與天然石組合，
讓能顯出礦石的真實感。

粉水晶項鍊

工具及材料

・天然石
・UV 膠
・UV 專用調色粉

 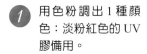    

1 用色粉調出 1 種顏
色：淡粉紅色的 UV
膠備用。

2 將透明 UV 膠注入
寶石模具中，約 1/4
的模具容量。

3 將粉紅色 UV 膠注
入 *Step 2* 模具中，
約 1/4 的模具容量。

4 將透明 UV 膠注入
Step 3 模具至八分
滿，天然石放入其
中。

🔆 1 分鐘

NOTE

請參考無殘膠的
外型製作。

5 取出照乾的作品後，
注入少許粉紅色的
UV 膠。

6 將 *Step 4* 的作品壓
回模具中，且注入
透明 UV 膠至全滿。

🔆 6 分鐘

7 寶石脫模之後，將
殘膠去除。

8 用 UV 膠將金具鑲
在水晶上，以 C 圈
組合成項鍊。

星空瓶項鍊

工具及材料

- 星空膠片紙
- 金屬齒輪片
- 玻璃小瓶子
- 離型紙
- UV 膠

製作重點提示

製作美觀的星空瓶，底座的藍
色星空液體面積不可以過大，
也不可太小小到被瓶子遮住。

① 用色液及亮粉調出 1 種顏色：天空藍色的 UV 膠備用。

② 將 UV 專用膠片紙剪下一個約 50 元硬幣大小。

③ 將膠片放在離型紙上，且將天藍色 UV 膠鋪在上面，照乾後取出備用。

💡 2 分鐘

④ 用調色棒將天藍色 UV 膠放入玻璃瓶中。

NOTE

容量約 **1/3** 瓶子容量。

⑤ 將 *Step 3* 的瓶子平放。

💡 2 分鐘

⑥ 將天藍色 UV 膠放入星星模具中，照乾後取出備用。

💡 2 分鐘

⑦ 將色液調出 1 種顏色：五彩珍珠光 UV 膠。

⑧ 將五彩珍珠光 UV 膠放入星星模具中，照乾後取出備用。

💡 2 分鐘

⑨ 將 *Step 5* 瓶子內天藍色的部分塗上透明 UV 膠後，將亮片放在其表面。

💡 2 分鐘

⑩ *Step 3* 的天藍色半成品及 *Step 9* 的瓶子放在離型紙上。用將兩個作品接合處注入透明 UV 膠。

💡 6 分鐘

⑪ 將天藍色水澤上隨意塗抹 UV 膠，且將齒輪放在上面。

💡 1 分鐘

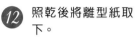

12 照乾後將離型紙取下。

13 用 UV 膠鑲上金屬連結片後，以 C 圈與鍊子組合。

UV 計時器通常在製作上
是需要很多的模具才能製成
運用金具與簡單的礦石模
也可以做出不同的魔法計時器

魔法計時器吊飾

工具及材料

- T 針
- 已完成的星星飾品
- UV 膠
- 無孔珠
- 金屬圈
- 金座

製作重點提示

金屬支柱是本作品很重要
的關鍵，一定要是 0.7mm
厚度以上的 T 針或柱狀的
金屬材料。

step by step

1 用色液調出 3 種顏色：藍色、紫色、五彩透明的 UV 液備用。

2 上蓋：將透明 UV 膠注入模具中（約 1/3 的模具容量）後，將金座及金屬圈 2 個放入其中。

💡 4 分鐘

3 底座：將透明 UV 膠注入模具中（約 1/3 的模具容量）後，將金座及金屬圈 2 個放入其中。再將透明 UV 膠注入模具到滿。

💡 4 分鐘

4 將 *Step 1* 的三種顏色依照個人喜好分別注入模具至全滿。

💡 4 分鐘

5 將 *Step 3* 的圓柱中心滴上少許透明 UV 膠後，放上 *Step 4* 的礦石。

💡 4 分鐘

6 將 *Step 5* 的圓柱 3 個邊角點上 UV 膠後，放在 3 支 T 針。

💡 2 分鐘

 NOTE
保險起見，可以在 **3** 個支柱照乾固定後，將 **T** 針底部補上 **UV** 膠再次照乾。

7 2 到 3 顆無孔珠沾透明 UV 膠放置在 *Step 6* 的圓柱上。

8 用 UV 膠塗在 *Step 2* 的圓形盤上，蓋在 *Step 7* 的 3 根柱子上。

 💡 2 分鐘

9 將金屬星星用 UV 膠鑲上，放在側邊。

💡 2 分鐘

10 將計時器上方中心點點上一滴 UV 膠，將星星放在上方。

💡 6 分鐘

11 用 UV 膠鑲上金屬連接片後，以 C 圈組合成飾品。

NOTE 參照連接金具的方式。

戀戀和風

江戶時代的色彩有別於古都京都的沉靜，
用不同鮮豔色彩與幾何圖案交錯，
融合成華麗的美感。

紙鶴吊飾

工具及材料

- 紙鶴
- 蝶谷巴特紙專用黏膠
- 軟 UV 膠

step by step

1 準備好紙鶴。

2 紙鶴先用蝶谷巴特紙專用黏膠先塗一層保護膜。

NOTE

每種紙質與 UV 膠結合狀況不同,此方法可以避免圖案暈掉。

3 將摺好的紙鶴裝上9針用 UV 膠固定。

 2 分鐘

4 將軟 UV 倒入調色盤使用。

5 將 *Step4* 的紙鶴用木夾夾住,正反面均勻刷上軟 UV 膠。

 6 分鐘

6 反覆塗抹 UV 膠,以確保紙鶴完整覆蓋 UV 膠。

 6 分鐘

7 以 C 圈連接龍蝦扣。

年年有魚飾品

工具及材料

- 花藝用的藻類
- 玻璃魚缸
- UV 專用調色液及調色粉
- UV 膠
- 鑷子
- 人造石

運用人造石與花藝用的藻類讓小巧的魚缸多了真實也具療癒功能。

step by step

① 將玻璃魚缸注入透明 UV 膠約 1/4 的容積。

魚缸底是容易傾倒，可用魔術黏土固定於塑膠片上。

② 投入些許的人造石。

💡 2 分鐘

氣泡請留下，以增添水底世界的真實感。

③ 用色液及色粉調出兩種顏色：黑色及紅色的 UV 膠備用。

④ 將金魚模具的眼睛上注入少許的黑色 UV 膠。

💡 30 秒

⑤ 將金魚模具空白處注入紅色 UV 膠。

💡 2 分鐘

可以做兩隻大小、顏色不同的金魚。

⑥ 將魚缸再注入透明 UV 膠約 1/4 的容積。

⑦ 剪下多種顏色的藻類備用。

⑧ 把藻類放入魚缸中。

💡 2 分鐘

不要集中放置，讓藻類隨之漂浮於魚缸中。

NOTE

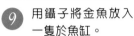

⑨ 用鑷子將金魚放入
一隻於魚缸。

 30 秒

可將身體部分藏入
藻類中。

NOTE

⑩ 將魚缸注入少許的
透明 UV 膠且放入金
魚。

☀ 4 分鐘

可讓平面的金魚身
體呈 **90** 度。在側
面看魚的形狀會比
較清楚。

⑪ 綁上蝴蝶結及以 C
圈串在吊飾上。

扇子在和式的飾品中是常見的配飾
將對比的顏色放入扇子中
強烈卻也顯出江戶艷麗的色彩感

和式經典飾品（扇子）

工具及材料

- 金屬扇子
- 非食用金箔
- 亮粉
- 糖果紙
- 鑷子

- UV 專用膠片紙
- 指甲專用貼紙
- UV 專用調色液及調色粉
- UV 膠

1 用調色液、色粉及亮粉調出兩種顏色：紅色及黑色的 UV 膠備用。

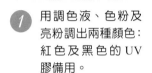

2 簍空金屬底座封底。

🔆 2 分鐘

 NOTE 請參考簍空金屬底座製作方式。

3 將 *Step 2* 扇子劃分成 1/2，一半加入黑色 UV 膠。

4 另一半加入紅色 UV 膠。

🔆 2 分鐘

NOTE 讓兩色自然混合。

5 *Step 4* 扇子加入透明 UV 膠後，鋪上些許的糖果紙且用調色棒抹平。

 NOTE

UV 膠只需要薄薄的一層即可。

6 *Step 5* 扇子加入透明 UV 膠後，用鑷子取出非食用金箔，放置於兩色中間。

🔆 30 秒

 NOTE

擠壓產生氣泡的話，請去除氣泡。**UV** 膠只需要薄薄的一層即可。

7 *Step 6* 扇子加入透明 UV 膠後，放入 UV 專用膠片。

🔆 30 秒

 NOTE

UV 膠只需要薄薄的一層即可。

8 *Step 7* 扇子加入透明 UV 膠後完全鋪平。

🔆 6 分鐘

9 以 C 圈連接吊飾。

帶飾品墜子——圓墜飾

工具及材料

- UV 專用金屬網紙
- UV 膠
- UV 專用調色液
- 鑷子

製作重點提示

漸層是 UV 基本技巧之一，如何搭配漸層與金屬網紙是近年來日本和風最流行的素材之一。

step by step

1 用色液調出二種顏色：黑色及綠色的 UV 膠備用。

2 將金屬網紙剪成碎紙狀備用。

3 將模具注入透明 UV 膠，可將模具底部覆蓋一層即可。

💡 1分鐘

4 用鑷子將 *Step2* 的紙片放置於 *Step 3* 的模具中。

💡 1分鐘

NOTE 紙片分散擺放均勻。

5 將模具注入些許的黑色 UV 膠。

NOTE 約容積的一半。

6 另一部分快速注入綠色 UV 膠，讓兩色液體將模具填至九分滿。

💡 1分鐘

NOTE 擠壓產生氣泡的話，請去除氣泡。

7 透明 UV 膠放入 *Step 6* 模子中至全滿。

💡 6分鐘

8 用鑽子在側面鑽孔後，用 UV 膠將金具連接環固定。

💡 6分鐘

NOTE 請參考連接金具的方式。

9 以 C 圈連結墜子。

74

江戶的華麗用金箔及紅色最能代表
讓金箔在透亮的 UV 膠中飄著
華麗的神祕在夜裡綻放

江戶髮飾

工具及材料

· 金箔及糖果紙
· UV 膠

製作重點提示

金箔跟糖果紙要分散在球
的各處,看起來才會增加
精緻感。

1 將透明 UV 膠注入模子約 2/3 的容積量。

2 用調色棒或牙籤將氣泡挑除。

3 放入紅色的糖果紙至 *Step 2*。

4 放入非食用性金箔至 *Step 3* 且用調色棒將兩種素材分散到球模各處。

 NOTE

5 將透明 UV 液加入 *Step 4* 的模子到 9 分滿。

 6 分鐘

6 取出後確認表面是否有殘膠。

請參照無殘膠的外型製作。

7 將成品的正上方及正下方的中心點鑽孔放入金屬連接環。

8 以 C 圈組與鍊子裝成髮飾。

和服頭飾不外乎花的飾品
運用不同花的素材與 UV 膠結合
讓髮飾更適合與浴衣做搭配

花魁髮飾

工具及材料

- 簍空金屬花框
- UV 膠
- UV 專用調色液
- UV 專用調色粉
- 糖果紙
- 亮片
- 紙膠帶
- 水晶及無孔珠

1 用紙膠帶將金屬花的底部黏住。

2 用色液及亮片及糖果紙調出 2 種顏色：紅色及粉紅色 UV 膠備用。

3 用調色棒將封底的花框填入粉紅色。

🔅 4 分鐘

4 撕下紙膠帶。花瓣反面可塗上透明 UV 膠提亮。

🔅 4 分鐘

5 將紙膠帶封住第二層花瓣的底。用調色棒將封底的花框填入紅色。

🔅 4 分鐘

 NOTE

也可以封底後加膠後，加上貼鑽水晶。

6 將紅色 UV 膠及粉紅色 UV 膠填滿寶石模。

🔅 4 分鐘

7 製作 5 個大小不同的寶石後，將最上層的外框塗上透明 UV 膠，將寶石放上。

🔅 4 分鐘

8 滴一滴透明 UV 膠在花瓣中心後，將無孔珠放上。

🔅 4 分鐘

 NOTE

太多 UV 膠滴在上面會影響花瓣的外型，進入 UV 機前確認無 UV 膠流下。

9 將作品以金具連結後，以 C 圈組合其他飾品。

蝴蝶是飾品中常見的搭配

用水晶鑲入 UV 膠中

讓蝴蝶的花紋 Bing Bing 起來

花弄蝶項鍊

工具及材料

- 施華洛世奇水晶
- 銀絲線
- 亮片
- UV 膠
- UV 專用調色粉
- UV 專用調色液

① 將透明 UV 膠注入約模具容積的 1/5 高度。

② 用調色棒或牙籤將氣泡挑除。

💡 30 秒

③ 注入少許透明 UV 膠到 *Step 2* 蝴蝶中。用鑷子將水晶以面著下方式排列，而無孔珠則隨意放入水晶側邊。

💡 1 分鐘

④ 注入少許透明 UV 膠到 *Step 3* 蝴蝶中，隨意放入五彩亮粉於其中。

💡 1 分鐘

⑤ 用色液及亮粉調出亮粉紅色的 UV 膠備用。

⑥ 粉紅色 UV 膠放入 *Step 4* 蝴蝶中下方後。

💡 1 分鐘

⑦ 注入少許的 UV 膠後，放入少許的銀絲線於 *Step 6* 蝴蝶的左邊。

💡 1 分鐘

⑧ 用色液及色粉調出珠光粉紅色 UV 膠備用。

💡 1 分鐘

⑨ 珠光淡粉色 UV 膠填滿於 *Step 7* 蝴蝶中。

💡 6 分鐘

⑩ 將作品外部殘膠去除。

NOTE 請參照無殘膠的外型製作。

⑪ 用鑽子在側面鑽孔後，用 UV 膠將金具連接環固定，接著以 C 圈連結項鍊。

💡 6 分鐘

NOTE
也可以用調色棒或牙籤塗抹成平整面。

除了不同的細工花布可以表現出和式風味
現在多了不同的 UV 素材
可以將布花風味放入飾品中

和紋飾品（貓）

工具及材料

- UV 專用膠片紙
- UV 膠
- UV 專用調色粉
- UV 專用調色液
- 鑷子

① 用色液及色粉調出四種顏色：黑色、藍色、白色及紅色的 UV 膠備用。

② 準備 UV 專用膠片。

③ 將模具注入透明 UV 膠約 1/4 的容積量。

④ 用鑷子將部分膠片及貼紙放置於 *Step 3* 貓的 UV 膠上。

💡 1 分鐘

NOTE 膠片及貼紙不要壓到底。

⑤ 將模具注入些許的透明 UV 膠後，放入其他的膠片紙且與 *Step 4* 的花樣有些交疊。

💡 1 分鐘

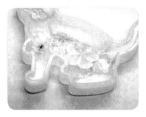

⑥ 將白色的 UV 膠放置於 *Step 5* 貓的角落。

💡 1 分鐘

⑦ 將黑色、藍色、紫色及紅色的 UV 膠交錯放入 *Step 6* 貓上，部分須要留白以填入白色。

💡 1 分鐘

NOTE 也可以用調色棒或牙籤塗抹成平整面。

⑧ 將白色 UV 膠注入至 *Step 7* 花色層上，整個舖平到 9 分滿，且放入 UV 專用九針。

💡 1 分鐘

⑨ 將透明 UV 膠注入至 *Step 8* 至模具水平處。

💡 2 分鐘

⑩ 取下模具後，用 C 圈將繩結連接作品。

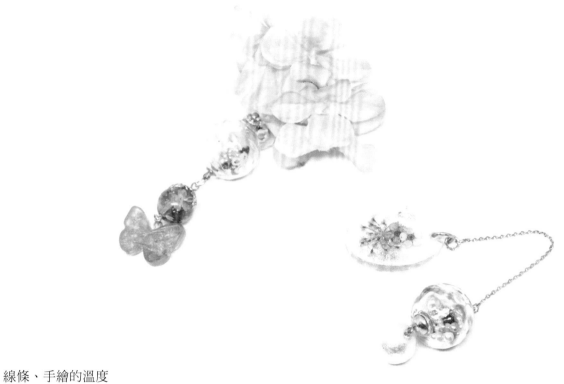

線條、手繪的溫度

一筆筆的將作品點綴出自己的味道

和風鈴鐺吊飾

工具及材料

- 玻璃珠
- 無孔珠
- 亮片
- 連結金具
- 筆刷

- 木夾
- 盤子
- UV 膠
- 線狀 UV 膠

1 選擇多色線狀 UV 膠。

2 將玻璃球固定在塑膠片上。

NOTE

可以用魔術黏土加以固定。

3 將線狀 UV 膠擠出適量的膠備用,且準備一只乾淨的調色棒。

4 用調色棒沾線狀 UV 膠,以點的方式點出 5-6 點的花瓣。

💡 2 分鐘

5 用調色棒沾線狀 UV 膠,以畫線的方式順著球畫線。可用不同色彩畫線。

💡 2 分鐘

6 不同色反覆多次後,將無孔珠放入 *Step 5* 球中。

💡 2 分鐘

NOTE

無孔珠的多寡可以自行決定。

7 將連接環塗抹 UV 膠後,放置在玻璃球正中心上。

💡 2 分鐘

8 用木夾夾住 *Step 7*,且用刷子均勻塗抹透明 UV 膠。撒上亮片,以增加亮度。

💡 16 分鐘

NOTE

夾子底部可以用盤子接著,以免亮片亂飛。

9 底部滴上一滴 UV,擺上無針的金屬扣環。

💡 2 分鐘

10 玻璃球均勻塗抹透明 UV 膠後照乾，以 C 圈連結配件。

🔅 6 分鐘

夢幻可愛風

夢幻粉嫩系列總是讓人不自覺生出少女心，
其實只要稍稍改一下造型，運用基本的色彩，
夢幻可愛的飾品就完成囉～

夢幻泡泡感混色（基本技巧）

① 將色液及有色UV膠調出4種顏色：粉紅、淡藍、淡綠及淡黃色UV膠備用。

NOTE

有色UV膠有些會比較濃稠，可加入些許透明UV膠稀釋。

② 先將粉紅色UV膠放入模具邊緣一角。

③ 將淡藍色UV膠放入模具邊緣。

NOTE

可接續粉紅色，或另外找一角放置。

④ 將淡黃色UV膠放入模具邊緣。

NOTE

可接續粉紅色，或另外找一角放置。

⑤ 剩下的邊緣以淡綠UV膠補齊成一個完整的外圈。

⑥ 用透明UV膠由內往外推出UV膠。

💡 6分鐘

 取出後，形成泡泡外圈具彩色感的UV飾品。

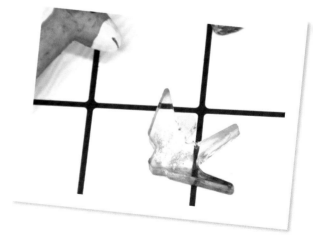

除了基本色系作排列組合成不同的風格
加上不同的亮片及亮粉
會讓作品更加生動有亮點

星星月亮戒指

工具及材料

- UV 膠
- 五彩亮片
- UV 專用調色液
- 亮粉
- 彩色 UV 膠

製作重點提示

挑選亮片及亮粉可以選擇閃
亮及五彩粉嫩。

1 用色液及五彩、亮片及亮粉調出4種顏色：粉紅、淡藍、淡綠及淡黃色UV膠備用。

2 先將淡綠色UV膠放入模具中間一處，約1/4模具的容量。

3 將粉紅色UV膠放入 Step 2 的模具中的下方，約 1/4 模具的容量。

NOTE 可接續粉紅色，或另外找一角放置。

4 將淡藍色UV膠放入 Step 3 的模具中的上方，約 1/4 模具的容量。

5 將淡黃色UV膠放入 Step 4 的模具中的空隙中。

 6 分鐘

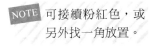

6 將月亮鑲在金屬戒子上。

化妝品向來是愛美人士的魔法工具
將金屬與玻璃搭配在 UV 上
將自己喜愛的化妝品變身為美麗的飾品

五彩口紅吊飾

工具及材料

- 已封底金屬框
- 無孔珠
- 五彩珠寶金屬鍊
- 玻璃柱
- 五彩星星亮片
- UV 膠
- UV 專用調色粉
- UV 專用調色液

1 用色液調出 1 種顏色：五彩珍珠白的 UV 膠備用。

2 將五彩珍珠白的 UV 膠注入柱狀的模具中，約 1/3 的模具容量。

3 放入五彩星星亮片後，用調色棒攪勻。
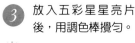 4 分鐘

4 乾燥後脫模備用。

5 將調色粉調成一種 UV 膠：粉紅色 UV 膠備用。

6 將 UV 膠注入愛心模。待照乾後取出備用。
 4 分鐘

7 將 *Step 4* 的圓柱上用紙膠帶包住。

8 將 *Step 7* 包紙膠帶的圓柱灌入 UV 膠些許，且將 *Step 6* 的愛心放入。
6 分鐘

NOTE

高度約 **3~5** 公分高。

9 將紙膠帶去除。

10 用 UV 膠將已封金屬框與玻璃柱連接。
6 分鐘

11 將玻璃柱內填入無孔珠。

⑫ 剪一段與金屬皇冠直徑一樣的五彩寶石鍊備用。

⑬ 皇冠邊緣塗抹 UV 膠後,將鍊子放在皇冠上。

 6 分鐘

⑭ 將 *Step 13* 的皇冠與 *Step 11* 的圓柱體用 UV 膠接合。

 2 分鐘

⑮ 將 *Step 9* 的 UV 圓柱與 *Step 14* 的圓柱體用 UV 膠接合。

2 分鐘

⑯ 照乾後,加上金屬扣後即成口紅吊飾。

屬於自己的香水永遠都不嫌多

把造型可愛的香水瓶化身為隨身的飾品

可愛也可以在不經意顯現

夢幻香水瓶

工具及材料

- UV 專用調色液
- UV 專用調色粉
- 彩色 UV 膠
- 玻璃瓶
- 無孔珠
- 金屬框
- 金屬鍊
- 琉璃石
- UV 膠
- 五彩亮片
- 亮粉

製作重點提示

鑽石內的封入物的顏色選擇很重要,以繽紛夢幻顏色為主較為適合。

94

step by step

① 用色液及五彩、亮片及亮粉調出 4 種顏色：粉紅、淡藍、淡綠及淡黃色 UV 膠備用。

② 將 4 色隨意放入寶石模具中，約 3/4 的模具容量後，將無孔珠放入到全滿。

💡 4 分鐘

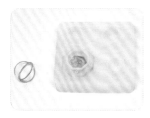

③ 將 *Step 2* 的小寶石放入大寶石模具中後，將兩個金屬圓框放入其中。

④ 注入透明 UV 膠約 3/4 的模具容量。

⑤ 將其他的金屬錬及配件放入其中。

⑥ 放入琉璃石後，注入透明 UV 膠到滿。

💡 4 分鐘

⑦ 將五彩寶石錬子剪成適當長度後，沾透明 UV 膠放置在玻璃瓶上。

💡 4 分鐘

⑧ 將琉璃石放在 *Step 7* 的玻璃瓶中。

⑨ 將 *Step 8* 的玻璃瓶與 *Step 6* 的寶石用 UV 膠接合。

💡 6 分鐘

⑩ 以 C 圈組裝錬子。

可愛棒棒糖吊飾

工具及材料

- 無孔珠
- 亮片
- 玻璃球
- 小吸管
- 皇冠
- UV 膠

① 將玻璃球放入無孔珠。

② 將 *Step 1* 的球內加入亮片。

③ 用透明 UV 膠注入圓柱模中，照乾後脫模備用。
🔆 4分鐘

④ 將 *Step 3* 的圓柱模沾 UV 膠 將 *Step 2* 的球封底。
🔆 4分鐘

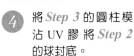

⑤ 將金屬皇冠沾 UV 膠後，放置於玻璃球上方。
🔆 2分鐘

⑥ 用色液及亮粉調出 1 種顏色：天空藍色的 UV 膠備用。

⑦ 將天空藍色 UV 膠注入模具中，照乾後脫模備用。
🔆 4分鐘

⑧ 將小吸管減半。 其中一個洞口直接灌入 UV 膠。
🔆 2分鐘

⑨ *Step 8* 的吸管直接用刀片劃開取出。

NOTE
使用刀片或美工刀請小心。

⑩ 將 *Step 7* 蝴蝶結用 UV 膠 與 *Step 5* 玻璃球接合。
🔆 2分鐘

⑪ 再將 *Step 10* 的作品與 *Step 9* 的透明棒用透明 UV 膠接合。
🔆 2分鐘

12 *Step 11* 的蝴蝶結中心沾 UV 膠,貼上施華洛世奇水晶貼鑽。

6 分鐘

13 以 C 圈組裝鍊飾。

飾品盒通常是收藏自己最愛的飾品
然而手作出的飾品盒價格向來不親民。
設計一只自己的飾品盒其實一點也不難
只要多一些金屬與 UV 的配件，
就能讓你夢想成真。

珠寶飾品盒

工具及材料

- 無孔珠
- 金屬配件
- UV 配件成品
- 人造琉璃石

- UV 專用調色液
- UV 專用調色粉
- 彩色 UV 膠
- 施華洛世奇水晶

- 珠寶盒
- UV 膠

① 用色液及五彩、亮片及亮粉調出 4 種顏色：粉紅、淡藍、淡綠及淡黃色 UV 膠備用。

② 用色液調出種顏色：五彩珍珠白 UV 膠備用。

③ 將 *Step 1* 的顏色分別擺放在珠寶盒表面成為一個完整的外圈。

④ 將 *Step 2* 的五彩珍珠白 UV 膠由內往外注入。

⑤ 用調色棒將輕輕的順方向畫圈。

☀ 2 分鐘

⑥ 在珠寶盒邊緣附近將 UV 配件放置於上方，用透明 UV 膠固定。

☀ 2 分鐘

NOTE 請注意珠寶盒開合方向後，再做定位。

⑦ UV 月亮用 UV 膠貼住後，將金屬月亮接合 UV 膠，其金屬底座沾 UV 膠固定。

☀ 2 分鐘

⑧ 用 UV 膠塗在表面須放置月亮的地方，將月亮擺放至上方。

☀ 2 分鐘

⑨ 珠寶盒內圈表面塗上 UV 膠一層，將人造瑠璃石及施華洛世奇水晶放置於上方。

☀ 2 分鐘

⑩ 再次將珠寶盒內圈表面塗上 UV 膠一層，把無孔珠放置於上方。

☀ 2 分鐘

⑪ 將蝴蝶金具沾透明 UV 膠貼於月亮一角，照乾即可使用。

☀ 6 分鐘

花間集

花在 UV 飾品中，
不管是乾燥花還是不凋花一直是很受歡迎的材料。
想要製作出流行美麗的不凋花飾品嗎？！
準備一些小工具就可以製作出美美的花飾品。

不凋花上膠技巧 （基本技巧）

不凋花是現在很夯的流行素材，簡單的製作也可以快速的成為 UV 素材之一呦！

工具及材料

- 不凋花
- 木夾子
- UV 膠
- 筆刷或 UV 專用專換頭
- 調色盤或小碟子

step by step

① 將花瓣連根剪下。

② 花瓣反面先塗上一層軟 UV 膠。

2 分鐘

③ 用木夾夾住花的根部。

④ 用筆刷刷上花瓣的正面每一片。

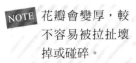

⑤ 反覆將 *Step 3* 到 *4* 約 2-3 次的作業。

NOTE 花瓣會變厚，較不容易被拉扯壞掉或碰碎。

⑥ 最後將花瓣的根剪掉備用。

乾燥花染色技巧

乾燥花與不凋花的差異性在乾燥花的顏色比不凋花來的持久點。
簡單的加工就會讓作品顏色更加亮麗如鮮花。

工具及材料

- 乾燥花
- 軟 UV 膠
- 調色液
- 筆刷
- 調色盤或小碟子

step by step

① 用色液調出兩種顏色：紫色及淡藍色的 UV 膠(軟)備用。

② 乾燥花先在離形紙或專用板子上鋪平。

☀ 2 分鐘

③ 花瓣反面先塗上一層 UV 膠（軟）。

☀ 2 分鐘

④ 照乾後會有一個厚度。

NOTE 不可以中間太厚，邊緣太薄。

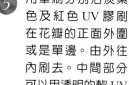

 NOTE
花瓣中間部分也可以用其他顏色做渲染。

⑤ 用筆刷分別沾淡紫色及紅色 UV 膠刷在花瓣的正面外圍或是單邊。由外往內刷去。中間部分可以用透明的軟 UV 膠由內往外刷去。

☀ 2 分鐘

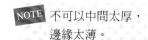 NOTE
完成後可以用 UV 膠黏上金具成飾品。

⑥ 用筆刷沾透明軟 UV 膠將正面厚度加強。

橙片封膠技巧

工具及材料

- 乾燥橙片
- UV 膠
- UV 專用墊或離型紙
- 筆刷
- 調色盤或小碟子

step by step

① 將軟 UV 膠倒入調色盤中備用。

② 把橙片放在 UV 專用墊上,將軟 UV 膠注入橙片的中心。

③ 將 *Step 2* 橙片上的 UV 膠表面鋪平。

💡 4 分鐘

④ 重覆 *Step 2* 到 *Step 3* 作業

💡 4 分鐘

⑤ 用夾子夾住 *Step 4* 的橙片一角。

⑥ 刷子沾上 UV 後均勻的塗在側邊。

💡 4 分鐘

⑦ 夾子換夾另一邊,將 *Step 6* 未塗抹 UV 膠的部分均勻塗上。

💡 6 分鐘

NOTE **6** 分鐘後未乾,請繼續照到乾為止。

⑧ 橙片背後可以先將金屬連接片鑲上,即完成飾品。

104

單片的橙片很適合做出整片的橘子飾品
搭上一朵朵優雅的不凋花
多點鄉村風的浪漫⋯⋯⋯⋯⋯

橘子花項鍊

工具及材料

- 乾糙橙片
- 軟 UV 膠
- 無孔珠
- 亮片
- 調色盤或小碟子

- 不凋花
- 黃色 UV 膠
- 施華洛世奇水晶或水晶鑽貼片
- 筆刷

1 將軟 UV 膠與黃色 UV 膠以 2：1 混合備用。

2 將 *Step 1* 的 UV 膠倒入橙片上，用刷子均勻塗滿一面。

💡 6 分鐘

3 將 *Step 2* 的橙片翻面，依照 *Step 2* 的方式塗滿此面後，照乾。

4 用夾子夾住橙片的一角。用刷子沾上 UV 膠後均勻的塗在側邊。

💡 4 分鐘

5 夾子換一邊，將 *Step 4* 未塗抹 UV 膠的部分均勻塗上 UV 膠。

💡 6 分鐘

NOTE **6** 分鐘後未乾，請繼續照到乾為止。

6 橙片背後可以先將金屬連接片用 UV 膠鑲上。

💡 6 分鐘

7 將上過 UV 膠的不凋花放置於 *Step 6* 之橙片上，用 UV 膠固定。

💡 30 秒

NOTE 珠子可以讓花交疊時比較有立體感。

8 將 UV 膠用刷子隨意塗在 *Step 7* 橙片上，將無孔珠放上。

💡 30 秒

NOTE 珠子可以讓花交疊時比較有立體感。

9 將 UV 膠用刷子隨意塗在 *Step 8* 橙片上，將其他的不凋花放上且撒上亮片。

💡 30 秒

10 將 UV 膠用刷子隨意塗在 *Step 9* 橙片上，珠子及水晶放於橙片上。

💡 6 分鐘

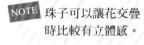

11 以 C 圈連結項鍊及完成鍊子

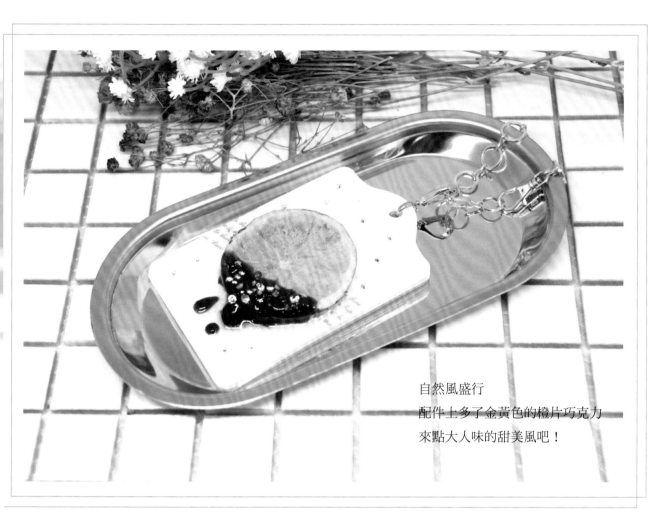

自然風盛行
配件上多了金黃色的橙片巧克力
來點大人味的甜美風吧！

橙片巧克力卡夾

工具及材料

- 封膠橙片
- 調色液
- 施華洛世奇水晶
- 調色盤
- UV 膠
- 人造寶石
- 筆刷
- 轉印紙

① 將 UV 膠與咖啡色 UV 膠混合備用。

② 將轉印紙剪下需要的大小備用。

請將轉印紙剪長一點，以方便等下撕取。

③ 滴上適量的 UV 膠在卡夾上，用刷子均勻塗抹，於塗抹位子放製轉印紙區塊。

④ 將轉印紙放置於 *Step 3* 上 UV 膠的位子。

💡 4分鐘

⑤ 將轉印撕下。

⑥ 將 *Step 5* 的無轉印紙的卡夾區塊均勻塗上 UV 膠，讓 UV 膠與轉印紙區塊同高。

💡 4分鐘

表面塗抹越均勻，成品會越完美。

⑦ 把 UV 膠塗在 *Step 6* 的轉印紙上後，將橙片放置在中間。

封膠橙片請參考橙片封膠技巧。

⑧ 把咖啡色的 UV 膠塗抹在橙片的下方處。

💡 2分鐘

可以讓咖啡色 **UV** 膠部分流下成淚滴，成為可口的巧克力醬。

⑨ 再次將咖啡色 UV 膠塗抹在 *Step 8* 巧克力的位置，讓表面形成光滑面。

💡 2 分鐘

盡量保持表面的平滑感。

⑩ 用調色棒在卡夾處畫出淚滴。

💡 2 分鐘

⑪ 把透明 UV 膠塗在巧克力醬上，接著將人造寶石及水晶放置於上方。

💡 2 分鐘

⑫ 把透明 UV 膠隨意塗在卡夾各處，將平面水晶放置於 UV 膠處。

💡 2 分鐘

⑬ 將 *Step 12* 的卡夾均勻塗上透明 UV 膠。

💡 6-8 分鐘

⑭ 加上吊飾後成為包包吊飾。

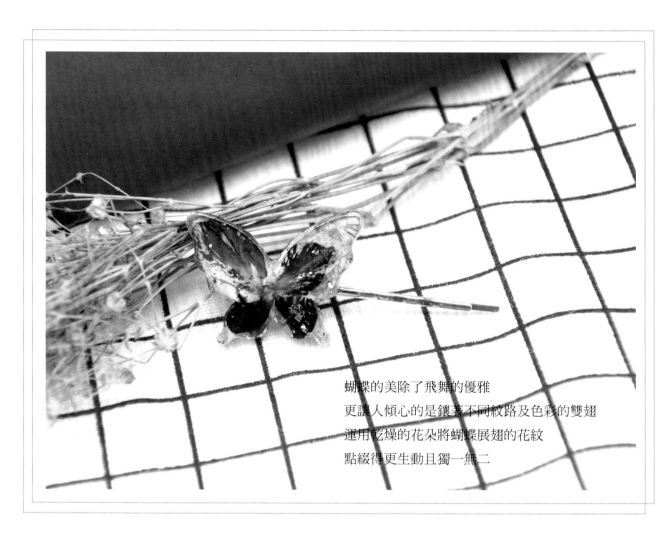

蝴蝶的美除了飛舞的優雅
更讓人傾心的是鑲著不同紋路及色彩的雙翅
運用乾燥的花朵將蝴蝶展翅的花紋
點綴得更生動且獨一無二

蝶戀花髮夾

工具及材料

- 非食用金箔或金箔片
- 調色盤或小碟子
- UV 專用調色粉
- UV 專用調色液
- 乾糙花瓣
- UV 膠
- 筆刷
- 鑷子

製作重點提示

層層的堆疊是成功製作蝴蝶飾品的首要重點呦～

<h1 align="center">step by step</h1>

 1 將白色及五彩調色粉與 UV 膠混合備用。

2 將 UV 膠注入蝴蝶膠模中約 1/4 或 1/5 的模子容積量。

☀ 2 分鐘

3 取出蝴蝶翅膀的花色。

 4 將 UV 膠注入蝴蝶膠模中少許但可以包覆第一層花片的量,用鑷子將花片放入其中且鋪平。

☀ 2 分鐘

NOTE 將較顯色的花片放在最顯眼的地方。

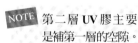

NOTE 多出來的花片請用小剪刀剪掉,以免影響下一層鋪色作業。

 5 將 UV 膠注入蝴蝶膠模中,少許但可以包覆第二層花片的量,用鑷子將花片放入其中且鋪平。

☀ 2 分鐘

 6 確認無空隙或是多餘的花片跑出模子。

NOTE 第二層 UV 膠主要是補第一層的空隙。

NOTE 取出若未乾燥,可以放在離型紙上後再進去 UV 機中照射到全乾燥為止。

NOTE UV 膠的量不要過多造成膠亂跑。

 7 將調好的五彩白色鋪平於 Step 6 的模子中。

☀ 4 分鐘

 8 於 Step 7 的蝴蝶側面塗上 UV 膠。

⑨ 將金箔剪下分別放置於蝴蝶側面。

 2分鐘

⑩ 確認側面是否有不平整或是多餘的金箔。多餘金箔請用剪刀剪掉。

⑪ 將金具放在蝴蝶的背面且用 UV 膠固定。

 4分鐘

⑫ 確認金具牢固後，即成美麗的蝴蝶髮夾。

合適的分隔金具不是隨手可得
運用身邊的小配件
也可以輕易製作出分隔線

花之墜飾

工具及材料

- 乾糙花片
- 銀薄片
- 鑷子
- 調色盤或小碟子
- UV 膠
- 無孔珠及小珠
- 紙膠帶

小心不要讓 UV 膠
溢出。

1 將白色色粉及五彩珠光液與 UV 膠混合備用。

2 將簍空金具用紙膠帶封底且在分隔線位置滴上 UV 膠後，放入珠子。

💡 2 分鐘

3 將五彩白色放入分隔線下方。

💡 2 分鐘

NOTE
花片盡量不要跑出金屬框線。

4 將銀箔片及乾燥花片放入小盤子中備用。

5 把透明 UV 膠注入上方的空格中後，用鑷子將花片放入其中且鋪平。

6 放入銀箔片將空隙略為補上。

💡 2 分鐘

NOTE
UV 膠要蓋過所有材料。

7 將透明 UV 膠鋪於 *Step 6* 墜子上。

💡 6 分鐘

8 以 C 圈組裝金具即完成。

將乾燥花黏貼在透明手機殼上
再加上自己喜愛的小貼飾
專屬自己流行手機殼小清新登場

乾燥花手機殼

工具及材料

- 手機殼
- 筆刷
- UV 專用膠片紙
- 軟 UV 膠
- 調色盤或小碟子
- 乾糙花片

製作重點提示

自己製作的乾燥花要封在手機
殼前，一定要確認已經是乾燥
的。含有水份的花之後會影響
到作品的美觀。

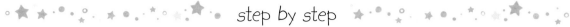

NOTE

可用化妝棉沾酒精清潔。

① 確認手機殼表面乾淨。

NOTE

建議分次作業，以免膠過多容易移動。花片盡可能緊貼手機殼表面。

② 將 UV 膠滴在欲放置乾燥花片後，將花放上。

💡 1 分鐘

③ 中間需要放在膠片，確認後位子再將花貼上。

💡 1 分鐘

④ 將字體 UV 專用膠片背面沾膠後貼上。

💡 1 分鐘

NOTE

也可以將 UV 膠先滴在確認的位子後，放上膠片。

⑤ 將花片側面及旁邊用筆刷塗上 UV 膠，用鑷子將葉子及點綴的綠色小花放上。

💡 1 分鐘

⑥ 將蝴蝶 UV 專用膠片背面沾膠後，放在字體膠片上及其他空位上。

💡 1 分鐘

NOTE

膠要蓋過所有材料。

⑦ 將透明 UV 膠鋪平於手機殼的表面。

💡 6 分鐘

隨手拿起紙膠帶或小貼紙
搭上粉色的不凋花
片刻偷閒時間就可以製作出的可愛飾品

鳥語花香項鍊

工具及材料

- 已封軟 UV 膠不凋花
- 金屬貼片
- 小鳥貼紙
- 施華洛世奇水晶貼鑽
- 筆刷
- UV 膠

製作重點提示

建議紙膠帶或小貼紙背景色可
以是白色或素色的實色，會比
較明顯。

NOTE

會遮住的部分可以不用修邊。

1 將小鳥貼紙白色邊緣剪掉且正面塗上 UV 膠。

💡 2 分鐘

 NOTE

不要塗太多，盡量不要塗超出貼紙外。若不小心超過，乾燥後用剪刀修整。

2 翻過 *Step 1* 的背面，一樣塗上一層 UV 膠。

💡 2 分鐘

 NOTE

可以在金屬貼片下墊一張離型紙，可以保持桌面乾淨。

3 金屬貼片滴上少許 UV 膠。

4 將 *Step 2* 的小鳥貼紙放在金屬貼片上。

💡 1 分鐘

5 在 *Step 4* 的金屬片各區滴上幾滴 UV 膠。

6 將已封膠的不凋花放在 *Step 5* 滴膠的區塊。

💡 1 分鐘

7 將透明 UV 膠滴在不凋花側邊。

8 把其他的不凋花以部分交疊的方式放置。

💡 1 分鐘

9 將透明 UV 膠滴在每朵不凋花中心點。

NOTE

貼鑽有時會滑動，
可以分次進行。

10 將不凋花中心點放置
水晶貼鑽。

💡 6 分鐘

11 用 C 圈與項鍊連接成項鍊。

紫風鈴耳環

工具及材料

- 金座
- 已封軟漸層 UV 膠不凋花
- 魔術黏土及塑膠盒上蓋
- 五彩亮粉

- 糖果紙
- 筆刷
- UV 膠

step by step

1 金座中心點塗上 UV
膠。

2 把整朵不凋花放入金
座中。

💡 1 分鐘

3 將不凋花分成一片
片,每片的底部沾少
許(軟)UV 膠後,一
片片又入 *Step 2* 作品
內空位處,直到空位
填滿。

💡 5 分鐘

NOTE

可以在金座下用魔術黏
土固定。花片可以選不
同的顏色插入,以增加
生動感及層次感。建議
一次選用 **2-3** 片插入,
反覆幾次操作。

4 在花上塗上 (軟)UV
膠後,用亮粉刷上。

💡 1 分鐘

5 將底座用 UV 膠鑲上
連結環。

💡 6 分鐘

6 以 C 圈連結耳環。

花之鏡鍊飾

工具及材料

- 乾燥花
- 無孔珠
- 糖果紙
- 亮粉
- 封底簍空金屬框
- UV 膠
- ＵＶ專用調色粉
- ＵＶ專用調色液

step by step

① 將白色調色粉及粉紅色調色液與 UV 膠混合備用。

② 把珠光粉紅色 UV 膠放入金屬框中且鋪平。

💡 2 分鐘

NOTE

可以用調色棒鋪平。

③ 滴上少許透明 UV 膠後,將亮粉撒上。

💡 2 分鐘

④ 滴上少許透明 UV 膠後,將糖果紙撒上。

💡 2 分鐘

⑤ 將花及無珠孔珠沾少許 UV 膠後,放到金屬框的邊角。

💡 2 分鐘

NOTE

只能沾一點膠,以避免外流出框外。

⑥ 將小無珠孔珠沾少許 UV 膠後,點綴空白處。

💡 2 分鐘

⑦ 用少許 UV 膠滴在乾燥花上。

💡 6 分鐘

NOTE

無法控制 UV 膠擠出來的量,可以用牙籤或調色棒沾膠塗抹在花上。

⑧ 將 C 圈接合項鍊。

快樂頌—雪人吊飾

工具及材料

- 玻璃球
- 乾燥花
- 無孔珠
- 糖果紙
- 錬子一段
- UV 專用膠片
- 魔術黏土
- 鑷子
- UV 膠

step by step

1 將玻璃球放在魔術黏土上固定。

2 用鑷子將將無孔珠放入 *Step 1* 的玻璃球中。

 2 分鐘

NOTE 看個人喜好放置多少的無孔珠。

3 將乾燥花剪下後，放入 *Step 2* 的玻璃球中。

 2 分鐘

4 注入約 1/2 量的透明 UV 膠到模子中。

5 放入少許乾燥花及 UV 膠片紙至 *Step 4* 的模子中。

6 放入一些糖果紙至 *Step 5* 的模子中。

7 放入 UV 膠片紙至 *Step 6* 的模子中。

8 再將 UV 膠注入至 *Step 7* 的模子中後，用調色棒將花，膠片紙及糖果紙均勻分散到各處。

6 分鐘

9 將照乾的成品脫模後放置一處備用。

10 將 *Step 3* 的玻璃球口上塗抹一層透明 UV 膠，將 *Step 9* 球放置於上方。

 2 分鐘

11 將 *Step 9* 與 *Step 10* 兩球接合處抹上 UV 膠後，再將金屬鍊子放在結合處打一個結，打結處請用 UV 膠固定。

 6 分鐘

12 用 C 圈連接鍊子。

平常不用的金屬片或中空平面金屬飾品
都可以輕鬆的改裝成可愛的小花圈

快樂頌—聖誕花圈項鍊

工具及材料

- 金屬片
- 不凋花
- 無孔珠
- 木夾
- 軟 UV 膠
- UV 專用調色液

step by step

① 將紅色及綠色調色液
與（軟）ＵＶ膠混合
備用。

② 將不凋花翻至背面放
置離型紙上。

💡 2 分鐘

③ 正面可以用木夾固定
後，用筆刷將紅色的
UV 膠均勻塗上。

💡 2 分鐘

④ 重複 *Step2* 到 *Step3*
的步驟 2-3 次，讓花
瓣完全被 UV 膠包覆。

⑤ 綠色的花瓣製作方式
同 *Step 2* 到 *Step 3*。

⑥ 將金屬片上一角塗上
UV 膠。

⑦ 把染紅色的不凋花放
置有塗 UV 膠的金屬
面於上方。

💡 2 分鐘

⑧ 將花朵交疊放置，且
用 UV 膠固定。

💡 2 分鐘

⑨ 取單片花瓣用 UV 膠
固定在另一空白處。

💡 2 分鐘

⑩ 將單片綠色的不凋花
底部沾 UV 膠點綴於
放周邊。

💡 1 分鐘

⑪ 花心點上透明 UV 膠
後，放置無孔珠於中
心處。

💡 6 分鐘

⑫ 用鍊子打上活結，可
當成項鍊配戴。

手搖杯飾品

工具及材料

- UV 膠
- Padico 調色液（紅色、白色、紫色、藍色）
- Resin Club UV 專用貼紙
- 吸管配件
- 插入環
- 事先做好的冰塊及珍珠（用仿真材料也可以）

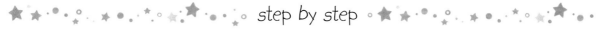
step by step

將 UV 膠放入杯子模具中，約 2/3 的容量。若有氣泡請用調色棒或牙籤去除。

模具上蓋蓋緊後，用手壓緊。若怕膠溢出難清理可以保鮮膜包住。
💡 直接用 UV-Led 燈照射約 2 分鐘

取出後，將多出來的部分剪去備用。

用鑷子取出草莓貼紙後，放入杯中緊貼在杯緣。

調出紅色的草莓醬後，用調色棒放入且放入一些珍珠。（請小心不要沾到其他杯緣部分）
💡 2 分鐘

放入白色調色液與草莓醬緊密的結合。
💡 2 分鐘

再將藍紫色調色液、冰塊、花瓣貼紙、吸管、插入環依序放入。
💡 2 分鐘

滴一些 UV 膠在飲品最上層，放上薄荷葉珍珠及水晶。
💡 2 分鐘

在杯側貼上 sweet 貼紙及蝴蝶做為飲品杯的裝飾。

上一層 UV 膠定型。
💡 6 分鐘

夜玫瑰耳環

工具及材料

- 軟 UV 膠
- 硬 UV 膠
- Padico 調色液（紫色、藍色）
- 銀色亮粉
- 亮片或金屬紙片
- Resin Club UV 專用貼紙

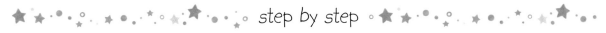

step by step

1 將調好的軟 UV 膠鋪在矽膠片上做背景。

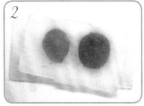

2 放好適量的藍色 (A) 及黑色 (B) 軟 UV 膠後，用另一塊矽膠片壓住。

🔆 2 分鐘

3 將照好的軟 UV 片剪成一邊直線備用。

4 在模具注入少許 UV 膠後放入玫瑰花貼紙在其中。

🔆 2 分鐘

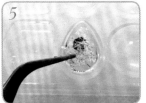

5 注入 UV 膠約 9 分滿後，將金屬紙片或亮片放入其中。

🔆 2 分鐘

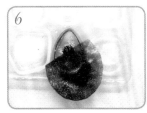

6 注入少許 UV 膠後，把 (A) 放在模具的一角。

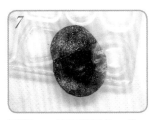

7 再將 (B) 放在模具的一角。請確定 (A)+(B) 將背景整個填滿。

🔆 2 分鐘

8 脫模後，將多的背景膠片剪掉。

9 將連結片用 UV 膠接合起來。

🔆 2 分鐘

10 將作品加上耳針與配件即完成。

🔆 2 分鐘